SICUREZZA INFORMATICA

"I dilettanti hackerano i sistemi, i professionisti hackerano le persone"

Bruce Schneier

SICUREZZA INFORMATICA

Non Farti Hackerare

MICHAEL MULLINS

Copyright

Consapevolezza sulla Sicurezza Informatica - Non farti hackerare

Autore: Michael Mullins

Pubblicato da: Nebulise OÜ

ISBN: 9798851583346

Edizione Italiana

Dedica

Questo libro è dedicato alle persone che mi hanno aiutato a imparare tutto ciò che so, sull'elettronica, i computer, gli affari e la vita.

Note legali

L'autore di questo libro ha fatto del suo meglio per creare le informazioni in esso contenute, e né l'autore né l'editore fanno alcuna pretesa o garanzia circa l'accuratezza, la completezza o l'applicabilità delle informazioni contenute in questo libro.

L'autore e l'editore declinano inoltre ogni responsabilità per eventuali perdite o danni di qualsiasi tipo, a causa della lettura di qualsiasi informazione in questo libro.

Tutti i collegamenti ipertestuali in questo libro sono solo a scopo informativo e qualsiasi informazione disponibile tramite siti Web di terze parti collegati non è garantita per l'accuratezza o l'idoneità allo scopo.

Sommario

Prefazione

Il Generale di Brigata Jaak Tarien, in pensione
e la professoressa Donna O'Shea

Generale di brigata Jaak Tarien

La sicurezza informatica è stata a lungo eccessivamente mistificata. Oggi quasi tutti sono connessi a Internet e quindi vulnerabili alle minacce informatiche.

I criminali informatici approfittano degli utenti distratti rubando denaro e dati preziosi. I gruppi APT (Advanced Persistent Threat) sostenuti dagli stati nazionali utilizzano dipendenti inconsapevoli per accedere a organizzazioni aziendali o enti governativi, per rubare dati sensibili e far avanzare le loro agende politiche.

Eppure, troppi utenti hanno semplicemente rinunciato a qualsiasi sforzo per difendere sé stessi e le loro organizzazioni. La sicurezza informatica sembra spesso troppo avanzata, troppo fuori dalla portata e dalla comprensione dell'utente medio.

In Estonia, abbiamo compiuto uno sforzo per semplificare la sicurezza informatica ed educare il pubblico sui suoi principi di base. Abbiamo iniziato a chiamarla "igiene informatica": proprio come la tua routine quotidiana per lacura del tuo corpo e dell'ambiente circostante, per ridurre al minimo i rischi di contrarre un virus, dovresti avere una routine igienica per il cyberspazio.

Nel suo nuovo libro, Michael Mullins ha compiuto un passo importante verso la semplificazione della sicurezza informatica per l'utente medio, sia a livello privato che organizzativo.

Fornisce una guida facile da seguire coprendo le minacce di base e le misure che tutti possono adottare per mitigare i rischi.

Il suo obiettivo è quello di creare la giusta mentalità per ogni utente di Internet, spiegando che l'igiene informatica di base, che riduce al minimo il 90% delle minacce, è semplice e fattibile per chiunque.

Generale di brigata Jaak Tarien, in pensione
Ex direttore, NATO Cooperative Cyber Defence Centre of Excellence
VP vendite e sviluppo commerciale (Difesa), Cybernetica AS, Estonia

***

Prof.ssa Donna O'Shea

La consapevolezza della sicurezza informatica è il processo di educazione formale di una forza lavoro sulle varie minacce esistenti, su come riconoscerle e sulle misure da adottare per mantenere sé stessi e la propria azienda al sicuro.

Questo libro fornisce agli studenti le conoscenze chiave necessarie per una forza lavoro più cyber resiliente, creando consapevolezza sulle principali minacce alla sicurezza informatica che devono affrontare. Fornisce una spiegazione concisa su cos'è la sicurezza informatica e perché è necessaria in un'organizzazione.

Identifica le principali minacce e vulnerabilità che qualsiasi organizzazione deve affrontare, facendo riferimento alle principali tecnologie emergenti. Affronta anche la sfida del lavoro a distanza e gli elementi essenziali della protezione di una rete.

La prevenzione è evidenziata come l'obiettivo primario, ma il libro fornisce anche una guida su cosa fare se le misure hanno fallito e si cade vittima di un attacco informatico.

Il materiale è strutturato in uno stile facilmente accessibile, con capitoli che includono esercizi e risorse per rafforzare l'apprendimento.

Questo manuale per i dipendenti è adatto a chi vuole apprendere le basi sulla consapevolezza della sicurezza informatica ed è ciò che un'organizzazione dovrebbe considerare di implementare quando si costruisce un programma di sensibilizzazione sulla sicurezza informatica.

Prof.ssa Donna O'Shea
Cattedra di Cybersecurity, Munster Technological University, Irlanda
Ricercatore principale, Confirm SFI Research Centre for Smart Manufacturing
Rappresentante del direttore CIT, it@cork, Irlanda
Membro del consiglio di amministrazione, Cyber Ireland

Informazioni sull'autore

Michael Mullins ha iniziato la sua carriera nella sicurezza informatica dopo essersi laureato alla Middlesex University di Londra. In precedenza, ha lavorato come tecnico elettronico.

Fu solo quando scoprì i suoi primi hacker intorno al 1997, che scoprì il potere di monitorare continuamente i sistemi informatici e gli utenti ad essi collegati, oltre a reagire rapidamente a qualsiasi cosa fuori dall'ordinario.

Michael è stato uno dei primi ad adottare la crittografia PGP, Linux e i firewall Internet e ha contribuito a proteggere organizzazioni di tutte le portate, tra cui start-up fintech come Skrill e marchi multinazionali del lusso come Burberry.

Ha continuato a lavorare per diversi anni presso IBM, contribuendo a proteggere la loro infrastruttura di servizi gestiti presso diverse banche svizzere, e poi come responsabile della sicurezza per una delle più note aziende IT svizzere.

Michael ha mantenuto i suoi legami con il mondo accademico ed è stato un esaminatore esterno in informatica presso un'università di Londra. Ha scritto tre libri e creato corsi di cloud computing, Linux e sicurezza. Oltre 17.000 studenti si sono iscritti ai suoi corsi online.

Nel suo tempo libero Michael ama andare in mountain bike nelle Alpi svizzere e correre in qualunque modo, dai 10 minuti su un tapis roulant alle maratone olimpiche.

Prefazione Degli Autori

Ho sperimentato l'insegnamento per la prima volta a Londra, quando ho insegnato materie come sistemi di controllo e comunicazioni di dati, a ingegneri universitari e informatici.

All'epoca non c'erano molti libri di informatica decenti nella biblioteca universitaria, ma ero fortunato a vivere vicino al centro di Londra; se avessi avuto bisogno di rispolverare le mie conoscenze prima di una lezione, avrei fatto un salto alla libreria Foyles o Dillons, dove un nerd poteva facilmente passare la giornata leggendo i libri di O'Reilly, seduto sul pavimento tra gli scaffali.

Ora che abbiamo Amazon, c'è molta più scelta. Ciò che è deludente, però, è che poiché è così facile auto-pubblicare un e-book su Amazon, vedi libri con un ottimo titolo, ma spesso sono pieni di stupidaggini e spazzatura.

Così, quando mi è stato chiesto di tenere un corso sulla consapevolezza della sicurezza informatica a ingegneri e sviluppatori in un'azienda IT svizzera, ho pensato che ci dovesse essere un buon libro su questo.

Sono rimasto sorpreso di scoprire che non c'era.

Ma ora c'è, e tu ce l'hai nelle tue mani. Spero che ti piaccia leggerlo tanto quanto mi è piaciuto scriverlo.

Introduzione

"Ogni stolto può sapere; il punto è capire" Albert Einstein

Innanzitutto, vorrei ringraziarti per aver ordinato una copia del mio libro sulla consapevolezza della sicurezza informatica.

Questo libro è stato scritto pensando ai dipendenti, ma è adatto anche agli studenti o a chiunque utilizzi computer, smartphone o qualsiasi altro dispositivo elettronico su Internet. Perché al giorno d'oggi, quasi tutti hanno bisogno di una guida di base sulla consapevolezza della sicurezza informatica.

Probabilmente sai già che la maggior parte dei dipendenti riceve un corso di consapevolezza sulla sicurezza informatica nel giorno d'inizio, nonché un corso di aggiornamento annuale per dire che hanno fatto qualcosa e soddisfare i revisori. Ma questo non basta.

Con così tante grandi organizzazioni ben finanziate che diventano vittime di attacchi ransomware, che costano milioni di euro e richiedono mesi per riprendersi, la vera necessità di formazione sulla consapevolezza informatica è prevenire questi costosi incidenti di sicurezza informatica in primo luogo.

OK, quindi di cosa parleremo in questo libro?

Questo libro è diverso da molti che avrai letto prima. Il layout del libro segue un modello "cosa, perché, come cosa succederebbe se" di presentazione del concetto di sicurezza informatica.

In primo luogo, chiariremo cos'è esattamente la sicurezza informatica. Quindi esamineremo i motivi per cui tutti hanno bisogno di formazione in materia. Quindi evidenzieremo come potresti essere esposto agli attacchi di hacker e criminali.

Successivamente, tratteremo i diversi passaggi che devi adottare per prevenire, gli attacchi informatici, cosa fare e cosa non fare, se sei vittima di un attacco informatico.

C'è anche un capitolo sulla certificazione di sicurezza Cyber Essentials del Regno Unito.

Troverai anche esercizi in ogni sezione, per aiutarti a rafforzare la tua consapevolezza della sicurezza informatica, mentre esaminiamo ogni capitolo.

Ci sono anche due sezioni che spiegano come segnalare il crimine informatico che colpisce un individuo e il crimine informatico più grave che colpisce i servizi critici.

Alla fine del libro ci sono alcune risorse utili con strumenti per aiutarti a migliorare la tua sicurezza informatica.

Leggere questo libro e seguire un corso di sensibilizzazione sulla sicurezza informatica ti consentirà di comprendere meglio le molte minacce alla sicurezza informatica che tutti affrontiamo oggi e come affrontarle.

Qualunque cosa tu impari da questo libro, ciò che conta di più è che tu capisca che una formazione migliore e più frequente sulla consapevolezza della sicurezza informatica, contribuirà a ridurre il numero di costosi incidenti di sicurezza informatica, ransomware e truffe finanziarie di cui leggiamo nelle notizie ogni giorno.

Ok, iniziamo.

Cos'è la sicurezza informatica?

"La sicurezza informatica è la pratica di proteggere le risorse digitali dagli attacchi informatici"

In questo capitolo presenterò una breve introduzione alla sicurezza informatica. Esamineremo alcune definizioni di base, alcuni tipi comuni di attacchi informatici e le loro cause principali.

Quindi, come definiamo la sicurezza informatica?

"La sicurezza informatica è la pratica di proteggere le risorse digitali dagli attacchi informatici"

5

Probabilmente starai pensando, cosa sono esattamente le risorse digitali?

Le risorse digitali includono sistemi, software e dati.

I tuoi sistemi personali includono cose come smartphone, computer, router Wi-Fi, stampanti e persino dispositivi domestici intelligenti come telecamere di sicurezza e Amazon Alexa. Quindi, tutti i tuoi dispositivi elettronici.

Ma al lavoro o a scuola i tuoi sistemi significano molto di più.

Includono ogni computer, rete o dispositivo di archiviazione utilizzato nella tecnologia informatica (IT) dell'organizzazione.

Poiché molte aziende ora utilizzano il cloud pubblico come AWS di Amazon per fornire i loro servizi IT, alcuni dei tuoi sistemi potrebbero essere sistemi virtuali in diversi data center Amazon.

Il software include il sistema operativo PC o MAC, i programmi installati sul computer, le app installate sui dispositivi mobili e le app SaaS come Gmail utilizzate online.

I tuoi dati potrebbero essere dati privati come le tue cartelle cliniche, dati proprietari come la proprietà intellettuale o dati pubblici come le pagine web.

In un'organizzazione ben gestita, i proprietari dei dati devono etichettare i dati per classificarli in base alla loro sensibilità.

Ora, quando diciamo dati, di solito intendiamo tutte le tue informazioni memorizzate elettronicamente.

Ma ricorda che i dati possono anche essere stampati o scritti. Quindi, non dimentichiamo che anche le password sono dati.

Ora una domanda importante che devi porti è: sai dove sono tutti i tuoi dati? Questo è importante perché non puoi proteggere qualcosa se non sai dove si trova.

I tuoi dati potrebbero essere sul tuo smartphone, tablet, unità disco portatili, su chiavette USB, nel cloud storage o persino su CD o DVD.

Quindi, come definiamo un attacco informatico?

"Un attacco informatico mira ad accedere, modificare o distruggere dati, estorcere denaro o interrompere l'attività"

Chi è responsabile della tua sicurezza informatica?

In una grande organizzazione tutti sono responsabili della sicurezza informatica. Ciò significa dirigenti aziendali, team di sicurezza e supporto IT e ogni singola persona nell'organizzazione. Ma se sei un solopreneur o un utente domestico, nessun altro è responsabile della tua sicurezza informatica tranne te.

Quindi, quali sono i tipi più comuni di attacco informatico?

I tre tipi più comuni di attacco informatico sono i reati finanziari, le violazioni dei dati e il ransomware. Ma a volte sono combinati.

L'obiettivo dei reati finanziari è rubare denaro o risorse crittografiche.

Le violazioni dei dati vengono solitamente effettuate per rubare preziosi dati privati o dati proprietari che possono essere venduti o utilizzati per altri crimini.

Negli attacchi ransomware più comuni, i dati vengono crittografati in modo che non siano più utilizzabili. Quindi l'attaccante richiede un pagamento di riscatto in cambio della chiave di decrittazione.

Quindi, quali sono le cause alla radice degli attacchi informatici? Ci sono tre ragioni principali per cui si subiscono attacchi informatici.

Molti attacchi informatici di successo iniziano con un'e-mail dannosa. Potrebbe essere un allegato infetto, un collegamento a un sito Web dannoso o una truffa per indurre qualcuno a rivelare una password o effettuare un pagamento.

Un altro motivo per cui si verificano attacchi informatici è il mancato aggiornamento o adeguamento dei sistemi operativi e delle applicazioni software.

E il mancato utilizzo di un software anti-malware efficace è un'altra grande causa di attacchi informatici di successo. Anche se non riesci ad aggiornare il software e apri un allegato e-mail dannoso, una buona strategia anti-malware potrebbe comunque salvarti.

Uno dei modi migliori per salvarsi da un attacco informatico è avere backup regolari archiviati fuori sede, ad esempio nel cloud storage. E almeno alcuni di questi backup dovrebbero essere offline o protetti contro l'eliminazione o il danneggiamento da parte di un utente malintenzionato.

Un'ultima cosa che dovresti sapere è che le vittime di attacchi informatici vengono spesso attaccate di nuovo in un futuro non troppo lontano. Poiché le persone sono creature abitudinarie, se ora hai una cattiva sicurezza informatica, è improbabile che cambierai.

Esercizio

Ecco un rapido esercizio da fare ora.

1. Per prima cosa scopri quali sono le tue risorse digitali più preziose.
2. Quindi valuta se sono conservate in modo sicuro.
3. E infine, hai un backup sicuro dei tuoi dati e dove si trova?

Perché la sicurezza informatica è importante?

"Ci vogliono 20 anni per costruire una reputazione, ma solo 5 minuti e 1 incidente di sicurezza informatica per rovinarla"

Ora diamo un'occhiata al motivo per cui la sicurezza informatica è così importante. Bene, ci sono molte ragioni, ma diamo un'occhiata alle principali quattro. Includono conformità, costi, privacy e sicurezza nazionale.

Per prima cosa diamo un'occhiata alla conformità.

Spesso le organizzazioni e gli individui devono dimostrare la conformità ai requisiti, alle leggi o ai regolamenti dei clienti nella loro regione.

Ad esempio, se il tuo cliente è il governo britannico, ti verrà richiesta la certificazione di sicurezza Cyber Essentials Plus.

Oppure il tuo team di vendita potrebbe chiederti la certificazione ISO27000, per una proposta di vendita.

E se tu o la tua organizzazione elaborate dati privati di cittadini dell'Unione Europea (UE), dovete essere conformi al GDPR.

Se si elaborano pagamenti con carta, è necessario essere conformi allo standard di sicurezza dei dati del settore delle carte di pagamento, noto come PCI-DSS.

E gli assicuratori come AXA ora chiedono se sono in atto determinati controlli di sicurezza, prima di coprirti con un'assicurazione informatica.

Quindi, come puoi vedere, ci sono molte ragioni per cui tu o la tua organizzazione potreste dover essere conformi agli standard di sicurezza informatica.

La cattiva notizia è che non essere conformi prima o poi ti impedirà di fare affari con alcuni clienti. Ma la buona notizia è che passando attraverso il processo di raggiungimento e mantenimento della conformità, raggiungerai un migliore livello di maturità nella sicurezza informatica della tua organizzazione.

Ora considereremo il costo degli incidenti di sicurezza informatica.

L'alto costo degli incidenti di sicurezza informatica è probabilmente la ragione principale per cui le organizzazioni stanno iniziando a prendere più sul serio la sicurezza informatica ora. Gli incidenti di sicurezza informatica hanno molti costi, alcuni diretti e altri indiretti. Diamo un'occhiata ad alcuni di essi.

Per prima cosa consideriamo i costi diretti. I costi diretti includono il costo del recupero, i costi per difendere le rivendicazioni legali e le multe. Per tua informazione, i consulenti IT e gli avvocati sono molto costosi, specialmente in caso di emergenza.

E il costo della prevenzione di un attacco informatico è molto inferiore ai tipici costi di intervento. Ad esempio, i costi iniziali di recupero per l'attacco informatico al servizio sanitario HSE irlandese sono stati di quasi 50 milioni di euro, ma la cifra finale è stata stimata in 100 milioni di euro.

AMCA negli Stati Uniti ha subito il furto di 20 milioni di dati sulle fatture mediche nel 2018 e nel 2019. Dopo 4 milioni di dollari in onorari di consulenti IT, spese legali e richieste di risarcimento per violazione del contratto, hanno presentato istanza di protezione dal fallimento ai sensi del capitolo 11.

Il problema non è limitato alle organizzazioni. Ogni anno migliaia di anziani vengono indotti con l'inganno a trasferire i loro risparmi a truffatori che fingono di lavorare per il supporto Microsoft.

Ma per quanto riguarda i costi indiretti? I costi indiretti includono la perdita di affari, danni alla reputazione e perdita di clienti.

È interessante notare che nel Regno Unito, il 44% dei consumatori intervistati ha dichiarato che smetterebbe di appoggiarsi ad un'azienda, dopo una violazione della sicurezza, e il 41% ha dichiarato che non tornerebbe mai più. Recentemente molti scambi di criptovaluta e start-up sono stati violati, il che ha causato enormi danni alla loro reputazione e in alcuni casi ha portato alla bancarotta.

Ad esempio, nel 2014 circa 1,5 milioni di Bitcoin, ovvero il 7% dell'offerta mondiale, sono stati rubati dallo scambio crittografico Mt. Gox. Nel 2022, al momento della scrittura, valevano circa $ 30 miliardi. E la maggior parte di quei Bitcoin apparteneva a persone comuni che non potevano permettersi di perderli.

Potrebbe sembrare ovvio, ma spesso c'è anche un costo umano indiretto. Ad esempio, a causa dell'attacco informatico all''NHS britannico, molte operazioni mediche di routine hanno dovuto essere annullate.

E nel 2015, gli hacker hanno dimostrato di poter controllare a distanza i sistemi di sterzo e frenata di una Jeep, su una rete mobile 4G.

E la privacy?

Edward Snowden una volta disse:

"Sostenere che non ti interessa il diritto alla privacy perché non hai nulla da nascondere, non è diverso dal dire che non ti interessa la libertà di parola perché non hai nulla da dire"

Che tu abbia qualcosa da nascondere o meno, il tuo smartphone e computer, raccolgono molti più dati su di te e sui tuoi comportamenti, di quanto tu possa immaginare. Questi dati vengono utilizzati per creare un profilo utente, che viene poi venduto dalle società pubblicitarie ai governi e a chiunque altro sia disposto a pagarlo.

Questo profilo può quindi essere utilizzato per indirizzarti e manipolarti. L'obiettivo potrebbe essere quello di convincerti a comprare qualcosa d'impulso, o a votare in un certo modo nel referendum sulla Brexit.

Ma c'è un lato ancora più oscuro. Le reti della criminalità organizzata possono anche utilizzare la stessa tecnologia e gli stessi dati per il furto di identità o per sfruttarti.

Pertanto, è importante assicurarsi che le app e i programmi sullo smartphone e sul computer siano aggiornati e configurati per la privacy e che si utilizzino moderne app per la privacy su Internet che limitano la quantità di informazioni personali condivise con le società pubblicitarie.

Al giorno d'oggi, con così tante violazioni dei dati avvenute in aziende come Facebook e LinkedIn, dovresti pensarci due volte prima di condividere informazioni personali nelle app mobili e sui social network.

Diamo un'occhiata alla sicurezza nazionale.

OK, forse non lavori per il governo. Perché dovresti preoccuparti della sicurezza nazionale? Non è responsabilità di qualcun altro? Proviamo a rispondere.

In passato, le guerre erano cinetiche, ma al giorno d'oggi le guerre elettroniche vengono combattute nel cyberspazio.

La guerra informatica può essere utilizzata per causare ansia e disordini, deturpando i siti Web governativi e negando l'accesso a servizi essenziali come l'assistenza sanitaria e bancaria.

Nel 2007, dopo il trasferimento di un monumento di bronzo sovietico, gli attacchi informatici hanno preso di mira diversi siti web del governo estone, banche, giornali ed emittenti televisive.[1] Lo stesso tipo di attacco informatico è avvenuto nell'agosto 2022, ma questa volta l'attacco è stato molto più potente.

Dal 2007, il governo estone ha notevolmente migliorato le proprie difese informatiche, quindi l'attacco ha avuto un impatto minimo o nullo questa volta.

La deturpazione dei siti Web non è lo scenario peggiore. Gli attacchi informatici possono anche essere utilizzati per causare danni fisici alle infrastrutture critiche.

Ad esempio, nel 2010, il malware Stuxnet è stato utilizzato per danneggiare i macchinari di un impianto nucleare iraniano.[2]

Anche se i sistemi di controllo industriale dei siti non erano collegati a Internet, qualcuno ha collegato incautamente un dispositivo di archiviazione USB infetto al computer di controllo, che ha permesso l'attacco. Pensa a cosa potrebbe accadere se un attacco simile fosse usato per distruggere una centrale nucleare vicino a te.

Quindi, anche se sei solo un utente domestico, l'utilizzo delle migliori pratiche di sicurezza informatica garantisce, ad esempio, che il tuo router Wi-Fi abbia meno probabilità di essere dirottato, per aiutare ad attaccare una diga o una centrale elettrica critica.

Esercizio

Ecco un rapido esercizio da fare ora.

1. Cerca una violazione dei dati significativa nel tuo paese e prova a trovare i costi di recupero.
2. Sulla base di ciò che abbiamo trattato in questo modulo, perché la sicurezza informatica ora è importante per te?
3. Vai al sito web del motore di ricerca Shodan a questo URL, https://www.shodan.io e vedi quali dispositivi interessanti sono visibili su Internet.

Minacce e Vulnerabilità

"La sicurezza informatica è come chiudere a chiave la porta di casa. Non ferma i ladri, ma se è abbastanza forte passeranno a un bersaglio più facile"

Più avanti esamineremo alcuni dei diversi modi in cui potresti essere vulnerabile agli attacchi informatici. Ma prima, è importante capire come avvengono gli attacchi informatici.

Affinché si verifichi un attacco informatico di successo, un utente malintenzionato (attore della minaccia) deve sfruttare una o più vulnerabilità. E se sei vulnerabile, è probabile che un utente malintenzionato sfrutti le tue debolezze.

Alcuni esempi di vulnerabilità sono, utilizzare vecchi software come Windows 7, utilizzare Wi-Fi aperto e non utilizzare un buon software anti-malware.

Il livello di rischio delle tue vulnerabilità, la probabilità che vengano sfruttate, nonché qualsiasi protezione o mitigazione che hai in atto, influiranno sulla possibilità di essere sfruttati o meno.

Pensaci. Se lasci la porta di casa aperta di notte, sei vulnerabile. C'è una probabilità che un ladro sfrutti la tua vulnerabilità; quindi, c'è il rischio di furto con scasso. E se chiudi la porta ma hai una serratura di bassa qualità o mal installata, questo è un diverso tipo di vulnerabilità.

Nel primo esempio (lasciare la porta aperta) è il tuo comportamento che ti rende vulnerabile, mentre nel secondo, è la tua tecnologia o il modo in cui la configuri che è il problema. In entrambi gli esempi, se si aggiunge una protezione aggiuntiva come l'installazione e l'impostazione di un allarme antintrusione durante la notte, il livello di rischio complessivo è ridotto.

La sicurezza informatica non è diversa. Se sei negligente nei tuoi comportamenti, sarai vittima di un attacco informatico. E se usi una tecnologia scadente o non usi la tecnologia correttamente, accadrà la stessa cosa.

L'utilizzo di livelli di sicurezza aggiuntivi come l'aggiunta di una soluzione anti-malware efficace ridurrà il livello di rischio. Altre opzioni potrebbero essere quelle di assegnare il rischio a terzi utilizzando la copertura assicurativa informatica, oppure puoi decidere di accettare semplicemente alcuni rischi.

Nella tabella seguente viene illustrato in che modo le minacce e le vulnerabilità possono influire sul rischio di impatto sul business.

Minaccia	Vulnerabilità	Rischio	Impatto
Phishing	Nessun filtro di allegati e-mail o collegamenti	Compromissione delle credenziali utente	Perdita di reputazione
	Software non aggiornato	Compromissione del sistema	Perdita di clienti
	Nessuna formazione di sensibilizzazione	Diffusione del ransomware	Rivendicazioni legali e multe
	Nessuna protezione del browser	Furto di dati personali	Costo del recupero
	AMF non utilizzato		

Esercizio

Ecco un rapido esercizio da fare ora.

4. Quali sono alcuni dei tuoi comportamenti sui social media, che potrebbero renderti più vulnerabile agli hacker e ai truffatori?
5. Ci sono alcuni siti Web che visiti o app mobili che utilizzi di volta in volta, che potrebbero rappresentare un rischio per la tua sicurezza informatica o privacy?
6. Quali sono le minacce alla sicurezza informatica di cui sei già a conoscenza? Utilizza Google per trovarne altre a cui potresti non aver pensato.

Messaggistica e Navigazione Web

"Non far mai sapere a un computer che hai fretta"

Esamineremo le vulnerabilità dovute all'utilizzo di app per la messaggistica e il world wide web. Ciò include app di posta elettronica, app di messaggistica istantanea e browser Web.

In primo luogo, l'e-mail può esporre l'utente a malware recapitato negli allegati, a un collegamento ipertestuale dannoso in un messaggio o a essere manipolato per intraprendere un'azione indesiderata. Un'azione indesiderata potrebbe essere quella di divulgare informazioni, effettuare un pagamento o intraprendere una conversazione poco saggia con il mittente.

Quando leggi un'e-mail, cerca sempre tre cose, l'indirizzo del mittente, la lingua e la grammatica nell'e-mail e l'obiettivo dell'e-mail.

Gli hacker spesso mascherano il loro vero indirizzo e-mail, in modo che tu possa pensare di ricevere un'e-mail da qualcuno che conosci o di cui ti fidi.

Passando il mouse sopra l'indirizzo del mittente puoi facilmente vedere il dominio del mittente. Se proviene dal direttore finanziario di una grande organizzazione e il dominio del mittente è @gmail.com, allora c'è qualcosa che non va.

Se noti che la lingua e la grammatica sono di bassa qualità, ci sono buone probabilità che l'e-mail provenga da un truffatore.

Sai già che i messaggi di posta elettronica sono per tua informazione o destinati a te per intraprendere un'azione.

Quindi, quando leggi qualsiasi e-mail in cui c'è un invito all'azione come "chiamami", "rispondi", "compila un modulo" o "clicca qui", chiediti, cosa mi viene chiesto di fare qui, ed è normale.

Un senso di urgenza è un modo per persuadere le persone ad agire senza pensare. Quindi, se il tuo amministratore delegato ti invia un'e-mail chiedendoti urgentemente di effettuare un pagamento insolito, allora dovresti davvero chiedere a qualcun altro che è senior nell'organizzazione.

Se apri un allegato o fai clic su un collegamento in un'e-mail, esiste il rischio che ci sia un malware nell'allegato o sul sito Web collegato. Quindi, ogni volta che ricevi un'e-mail con allegati o collegamenti, verifica che il mittente sia autentico e decidi se dovresti ricevere quell'allegato o collegamento da quel mittente, prima di aprire o fare clic.

Potrebbe sorprenderti sapere che i link di annullamento dell'iscrizione potrebbero anche portare a malware.

Alcune delle minacce e-mail più comuni sono phishing, truffe finanziarie ed estorsioni.

Il phishing è dove ti viene inviata un'e-mail per manipolarti nel fornire informazioni riservate. Potrebbe essere la tua password, i dettagli della carta di credito o la frase di recupero del tuo portafoglio di criptovaluta.

Lo spear phishing è simile, ma la differenza è che una persona in particolare è presa di mira a causa del suo alto valore in un'organizzazione. Ad esempio, la persona che effettua pagamenti in un'azienda può essere vittima di spear phishing.

Successivamente, se guardiamo ai truffatori finanziari, potrebbero raccontarti una triste storia che coinvolge la morte di una persona ricca e offrirti una quota di eredità.

Inoltre i truffatori di estorsione possono inviarti un falso avviso di accusa da parte dell'Interpol o dell'Europol, chiedendoti di pagare una multa o sostenendo di avere foto compromettenti, minacciando di rilasciarle se non paghi.

Proprio come la posta elettronica, puoi ricevere messaggi istantanei sul tuo smartphone, con collegamenti dannosi o messaggi destinati a manipolarti ad agire. E poiché la messaggistica istantanea viene utilizzata principalmente sugli smartphone, ci occupiamo principalmente di dispositivi Apple e Android.

Quando diciamo messaggistica istantanea, stiamo parlando di app mobili come WhatsApp, Facebook Messenger e iMessage, ma anche di molte altre app di messaggistica.

Ricorda che alcuni dispositivi mobili sono più vulnerabili ai malware, perché i vecchi telefoni Android non possono essere aggiornati all'ultima versione del software. E molti utenti Apple non si preoccupano di aggiornare il software del proprio telefono non appena sono disponibili aggiornamenti. Quindi, anch'essi sono spesso vulnerabili.

Anche se ricevi un SMS o un messaggio WhatsApp con un link da qualcuno che conosci bene, faresti bene a ignorare il link. Questo perché familiari e amici spesso inoltrano un messaggio ai loro contatti senza rendersi conto che si collega al malware. E in alcuni casi, lo smartphone infetto da malware di un amico invierà automaticamente un messaggio infetto da malware a tutti i contatti nel telefono, incluso te.

Spesso, i messaggi istantanei sospetti sembreranno troppo belli per essere veri. Il messaggio potrebbe dire che hai vinto un grande premio, o potrebbe venirti offerto uno sconto insolitamente alto. O forse qualcuno che hai incontrato solo una volta nella tua vita ti invia un messaggio insolito.

Se pubblicizzi articoli in vendita sul Marketplace di Facebook, quasi certamente verrai contattato tramite Messenger da persone che vogliono i tuoi articoli senza negoziare il prezzo. Il truffatore si offrirà di inviare un corriere per ritirare l'articolo e consegnare contanti per il pagamento. Ma prima ti verrà chiesto di pagare in anticipo l'assicurazione di trasporto FedEx.

Alcune persone pagano una tassa FedEx falsa, ma FedEx non viene mai con i contanti o per ritirare la merce.

Un altro trucco a cui prestare attenzione sono le truffe degli influencer crittografici su Messenger. Qualcuno che potresti conoscere come influencer, ti invia un messaggio offrendoti un'opportunità di investimento esclusiva.

Gli influencer non inviano questo tipo di offerta utilizzando la messaggistica istantanea. Di solito, i truffatori hanno un profilo Facebook clonato, con un numero di follower molto inferiore rispetto al profilo del vero influencer.

Un'altra vulnerabilità a cui prestare attenzione sono i punti deboli di Airdrop di Apple. Se il tuo iPhone è impostato per accettare file da chiunque, un utente malintenzionato potrebbe inviarti una foto imbarazzante o, peggio ancora, con le versioni precedenti di IOS, un utente malintenzionato potrebbe essere in grado di installare malware sul tuo iPhone.

A proposito di messaggistica mobile, vale la pena sapere che il NIST negli Stati Uniti non consiglia più di utilizzare i codici SMS quando si accede a servizi come Gmail. Anche Google ha interrotto i codici di accesso SMS per i propri dipendenti.

Ciò è dovuto a un attacco chiamato attacco SIM swap, in cui qualcuno chiama il tuo operatore di telefonia mobile e chiede una SIM sostitutiva. Hanno quindi preso il tuo numero di telefono in modo da ricevere i tuoi codici di accesso SMS.

Ma i messaggi SMS sono anche abbastanza facili da intercettare utilizzando alcuni dispositivi elettronici di base. Quindi, se sei un individuo noto con un patrimonio netto elevato, potresti facilmente essere preso di mira in questo modo.

L'utilizzo di un browser Web su un computer o un dispositivo mobile può essere altrettanto pericoloso dell'utilizzo di e-mail o messaggistica istantanea.

Uno dei maggiori problemi è visitare siti Web che diffondono malware. Diciamo ad esempio che non vuoi pagare per MS Office. Potresti cercare su Google "MS Office Cracked" Scoprirai che i primi siti elencati da Google contengono tutti malware.

Quindi lo scenario peggiore è che scarichi e installi una copia pirata di Office infetta. Quindi la prossima volta che sei sul tuo Internet banking, potresti scoprire che il tuo account è stato prosciugato dei tuoi risparmi.

Lo scenario migliore è che la tua soluzione anti-malware etichetti quei siti come pericolosi e, anche se ignori gli avvisi e vai avanti e fai clic per scaricare, ti verrà impedito di raggiungere quei siti.

E se ti capita di essere un aspirante hacker, fai attenzione a scaricare software di hacking come "Dumper Wi-Fi Hacker for PC". Questo download contiene anche malware.

Un attacco drive-by può sfruttare un browser Web che contiene difetti di sicurezza dovuti alla mancanza di aggiornamenti di sicurezza. Ti basterà visitare il sito Web infetto, il drive-by non avrà bisogno di fare nient'altro per lanciare l'attacco.

Un attacco drive-by può essere utilizzato per spiarti, assumere il controllo del tuo computer per estrarre token crittografici o installare ransomware.

Un'altra vulnerabilità nei browser Web è l'uso di estensioni del browser e un buon esempio sono gli attacchi agli hot wallet crittografici come MetaMask. Normalmente quando trasferisci token crittografici dal tuo portafoglio MetaMask, devi consentire al sito Web di scambio di spendere criptovalute che si trovano nel tuo portafoglio di estensione del browser.

Il problema è che ci sono stati casi in cui i siti Web di scambio crittografico sono stati dirottati e utenti piuttosto ricchi hanno involontariamente permesso al sito Web impostore di spendere tutte le loro criptovalute, svuotando efficacemente il loro portafoglio di milioni in risorse crittografiche.

In casi estremi, le estensioni del browser dannose possono anche rubare molti dati privati, comprese le password o il numero della carta di credito.

Quindi, come puoi vedere, ci sono molti modi in cui sei vulnerabile agli attacchi informatici, semplicemente utilizzando e-mail, messaggistica istantanea o un browser web.

Esercizio

Ecco un rapido esercizio da fare ora.

1. Controlla la cartella Posta indesiderata e verifica se riesci a trovare esempi di messaggi di phishing o truffe finanziarie.
2. Controlla le tue app di messaggistica istantanea per vedere se hai ricevuto messaggi con un link sospetto.
3. Scopri quanto è sicuro il tuo browser visitando **https://browseraudit.com**

Lavoro a distanza

"Ho una relazione con il Wi-Fi del mio vicino. Si potrebbe dire che abbiamo una forte connessione"

Successivamente, esamineremo come i lavoratori mobili e le persone che lavorano da casa sono anche vulnerabili agli attacchi informatici. Questa è diventata una priorità durante il Covid-19, poiché i team di sicurezza IT si sono presto resi conto che più persone che lavorano da remoto hanno comportato un aumento del rischio di attacchi informatici.

Una delle maggiori minacce per i lavoratori da remoto è dovuta all'utilizzo di Wi-Fi pubblici o Wi-Fi configurati con impostazioni di sicurezza deboli.

Perché?

Fin dal 1990, quando le soluzioni Wi-Fi sono state standardizzate per la prima volta, c'erano gravi difetti di sicurezza nella tecnologia, che hanno reso facile hackerare le reti. E poiché il Wi-Fi è spesso configurato da persone senza alcuna conoscenza della sicurezza informatica, a volte la rete è configurata con una sicurezza debole o addirittura senza sicurezza.

Poiché gli standard di sicurezza Wi-Fi sono estremamente complessi, è facile pensare di aver configurato la rete in modo sicuro, quando in realtà non è così.

Un esempio di sicurezza Wi-Fi debole si ha quando un ristorante chiamato "Charlies Pizza", utilizza una password Wi-Fi "CHARLIESPIZZA". E un esempio di assenza di sicurezza è la disattivazione della crittografia WEP e WPA, altrimenti nota come Wi-Fi aperto.

Un altro esempio è un Wi-Fi configurato per consentire le connessioni utilizzando un PIN WPS. Al giorno d'oggi, con l'attrezzatura giusta, un PIN di 8 cifre può essere decifrato in circa 2 secondi.

Per rimanere anonimo quando condivideva i suoi dati rubati con i giornalisti, Edward Snowden ha detto nel suo libro, che ha guidato per i quartieri fino a quando non ha trovato il Wi-Fi con una sicurezza debole. Una volta trovata una rete con una sicurezza debole, ha parcheggiato, l'ha hackerata e poi ha lavorato sul Wi-Fi di qualcun altro.

Una volta che un hacker è connesso al tuo Wi-Fi, in molti casi sarà in grado di connettersi al tuo MAC, PC, Apple TV, videocamera domestica, Amazon Alexa e qualsiasi altro dispositivo sulla tua rete. E se non hai cambiato le password predefinite di fabbrica sulle tue telecamere CCTV, anche quell'hacker avrà accesso al feed della tua telecamera.

Il Wi-Fi dell'hotel è ancora più pericoloso, dal momento che gli ospiti dell'hotel sono spesso presi di mira, e ci sono stati casi in passato in cui gli ospiti degli hotel VIP come diplomatici e CEO di aziende sono stati presi di mira da gruppi di hacker internazionali[3].

Ci sono anche vulnerabilità in altri dispositivi wireless come tastiere e mouse, alcuni che utilizzano Bluetooth, altri che non lo fanno. Ad esempio, nell'attacco MouseJack[4], un utente malintenzionato può hackerare un computer inviando comandi da tastiera attraverso un dongle wireless, situato fino a 100 metri di distanza. E i comandi da tastiera e le password digitati di un utente possono essere sniffati dalle tastiere wireless in un attacco KeySniffer[5].

Nel 2019 un ricercatore di sicurezza ha rivelato nuove vulnerabilità nei dongle USB, nelle tastiere wireless, nei mouse e nei clicker di presentazione Logitech.[6]. Un utente malintenzionato potrebbe utilizzare il dongle Logitech per assumere il controllo di un computer senza essere notato. Quindi, non c'è da meravigliarsi che Logitech abbia rilasciato una nuova serie di tastiere aziendali, con crittografia wireless migliorata.

E ci sono molte altre vulnerabilità Bluetooth che consentono a un utente malintenzionato di assumere il controllo di un dispositivo utilizzando la sua interfaccia Bluetooth, quindi rubare o eliminare file e così via.

Un altro pericolo meno ovvio per i lavoratori remoti è l'IoT (o Internet of Things). Le persone che lavorano a casa avranno spesso controller domestici intelligenti compatibili con Zigbee. e dispositivi come illuminazione intelligente e smart TV. Anche questi non sono esenti da vulnerabilità. I ricercatori hanno scoperto che anche le lampadine intelligenti possono essere sfruttate, il che può portare alla compromissione dell'intera rete domestica.[6].

Un'altra vulnerabilità importante soprattutto per i lavoratori da remoto è legata all'accesso fisico. Questo è un problema che si verifica quando si lasciano il laptop o lo smartphone incustoditi o quando vengono persi o rubati.

Se il tuo laptop non ha la crittografia del disco abilitata, tutti i dati su quel laptop rischiano di essere rubati, poiché non è difficile superare la protezione con password sulla maggior parte dei laptop. E avere il tuo computer o dispositivo mobile crittografato è inutile se disabiliti i blocchi dello schermo, usi un semplice codice PIN come 0000 o estendi i timeout dello screensaver.

I dati non crittografati sulle unità USB vengono esposti anche in caso di smarrimento o furto del dispositivo. Tuttavia, ci sono molti rischi più gravi associati ai dispositivi USB, e questi sono particolarmente rilevanti per i lavoratori remoti in luoghi pubblici o camere d'albergo.

Se lasci il tuo laptop incustodito in un luogo pubblico, è possibile che possa essere compromesso in pochi secondi utilizzando un Rubber Ducky Attack[8]. Un Rubber Ducky è un dispositivo USB personalizzato da $ 50 che funge da tastiera. Può essere programmato per mandare in un computer sbloccato abbastanza comandi in un computer sbloccato da installare malware e prenderne il controllo in pochi secondi.

C'è un'alternativa da $ 10 che fa la stessa cosa. L'USB-based attack[9] utilizza una normale unità flash USB che viene convertita utilizzando alcuni software personalizzati, per assumere il controllo di un laptop incustodito allo stesso modo.

E in un attacco evil-maid[10], la password di crittografia del disco di un laptop può essere acquisita, ottenendo l'accesso al laptop automatico, anche se in questo attacco, l'accesso è necessario due volte. Si chiama Evil Maid Attack perché una cameriera dell'hotel potrebbe facilmente accedere al tuo laptop nella tua stanza d'albergo chiusa a chiave.

Infine, vale la pena ricordare che un'unità flash USB dall'aspetto innocente che trovi sul pavimento può contenere un malware avanzato che potrebbe essere utilizzato per causare danni fisici in una fabbrica, una centrale elettrica o un servizio idrico.

A questo punto spero che ti sia chiaro come i lavoratori mobili e le persone che lavorano da casa sono altamente vulnerabili agli attacchi informatici.

Esercizio

Ecco un rapido esercizio da fare ora.

1. Verifica se c'è una rete Wi-Fi aperta vicino a te. Ricorda che non hai bisogno di una password o di una passphrase per connetterti a una rete Wi-Fi aperta.
2. Imposta un timer per 5 minuti e lascia il tuo laptop dove puoi vederlo, per verificare se hai bisogno di una password per accedervi di nuovo.
3. Controlla se il disco del tuo computer è crittografato da BitLocker (in Sistema e sicurezza su un PC) o FileVault (in Impostazioni di sicurezza e privacy su un MAC).

Configurazione Sicura e Gestione degli Accessi

"Tratta la tua password come il tuo spazzolino da denti. Non lasciare che nessun altro lo usi e cambialo ogni tre mesi"

Successivamente, esamineremo come la configurazione dei tuoi computer, app e dispositivi mobili influisce sulla vulnerabilità degli attacchi informatici.

Parleremo della tua soluzione anti-malware, degli aggiornamenti software, di come usi un firewall (se lo fai) e di come gestisci bene le tue password e l'accesso. Iniziamo parlando di anti-malware.

41

I computer Apple non vengono forniti dalla fabbrica con un'applicazione anti-malware, ma il sistema operativo OSX di Apple si basa su un discendente sicuro di UNIX e OSX ha anche funzionalità di sicurezza avanzate, che sono estremamente efficaci contro i malware[11].

Ma i computer che eseguono una versione recente di Windows come 10 o 11, hanno una soluzione anti-malware Microsoft integrata gratuita. L'anti-malware gratuito di Microsoft funziona bene, ma è stato dimostrato da alcuni ricercatori di sicurezza, di essere inefficace contro alcuni malware avanzati[12].

Pertanto, se si utilizza un prodotto antimalware gratuito e né l'utente né il supporto IT hanno configurato completamente le funzionalità avanzate dell'antimalware Microsoft, si potrebbe essere vulnerabili.

I prodotti anti-malware efficaci utilizzano tecniche avanzate come l'apprendimento automatico, per rilevare minacce che non sono state rilevate prima. E le migliori soluzioni anti-malware rileveranno le app installate che necessitano di aggiornamenti di sicurezza.

Se sei un utente domestico e non visiti mai siti Web rischiosi e non accedi a nulla di valore sul tuo computer, probabilmente un prodotto anti-malware gratuito come quello di Microsoft è la soluzione giusta per te.

Ma come utente aziendale devi chiederti, qual è il livello di rischio della tua organizzazione e se il tuo management è disposto a pagare un po' di più per evitare di essere infettato da malware o ransomware.

Le soluzioni anti-malware per i consumatori e per le aziende differiscono notevolmente. Oltre alla gestione centralizzata degli aggiornamenti e della disinfezione, le soluzioni aziendali ora forniscono funzionalità come il rilevamento e la risposta degli endpoint (EDR), che automatizzano il rilevamento e la segnalazione delle intrusioni nei sistemi degli utenti.

La mancata installazione o configurazione corretta di una soluzione anti-malware efficace è uno dei primi cinque motivi per cui i computer degli utenti sono la fonte di gravi incidenti di sicurezza informatica e ransomware.

Ora parliamo un po' delle vulnerabilità del software.

Ogni settimana vengono scoperte nuove vulnerabilità software in sistemi operativi come Windows, OSX, Linux, IOS e Android, nonché nelle app software. Di tanto in tanto, queste vulnerabilità sono così gravi che un utente malintenzionato può ottenere il controllo completo su un computer senza nemmeno aver effettuato l'accesso.

Pertanto, i sistemi operativi e le app software su computer e dispositivi mobili devono essere aggiornati regolarmente, in modo che vengano applicati gli aggiornamenti di sicurezza. Aziende come Microsoft hanno un evento chiamato "Patch Tuesday" in cui rilasciano diversi aggiornamenti di sicurezza il secondo martedì di ogni mese. Ma gli aggiornamenti possono essere rilasciati in qualsiasi momento.

Il computer di casa di solito è impostato per installare gli aggiornamenti automatici, mentre nella maggior parte delle organizzazioni, gli aggiornamenti di sicurezza non vengono applicati automaticamente ma attraverso un processo di gestione delle modifiche attentamente controllato.

Quindi, se vedi un avviso che indica che gli aggiornamenti sono pronti per essere installati, presta attenzione all'avviso e installa e riavvia il computer non appena hai salvato tutto ciò su cui stai lavorando.

È possibile che non venga richiesto di aggiornare le app o che gli aggiornamenti automatici delle app non funzionino. Pertanto, per i personal computer è importante installare una soluzione anti-malware che controlli le app che necessitano di aggiornamenti.

E se tutto il resto fallisce, è una buona idea controllare manualmente app come il tuo browser per assicurarti che si aggiornino da sole. Questo perché i browser sono più esposti alle minacce che incontri ogni giorno su Internet.

La mancata applicazione degli aggiornamenti di sicurezza ai computer o ai server dei singoli utenti utilizzati nell'infrastruttura aziendale è un'altra grande causa di incidenti di sicurezza informatica e ransomware.

Un'altra importante vulnerabilità è il mancato aggiornamento dei vecchi sistemi operativi e app con nuove versioni quando quelli vecchi non sono più supportati.

Aziende come Microsoft pubblicano varie date in cui i loro prodotti non riceveranno più aggiornamenti di sicurezza. Si riferiscono a queste date come fuori supporto. Ad esempio, gli utenti di Windows 7 non riceveranno gli aggiornamenti di sicurezza dal 14 gennaio 2020, anche se le organizzazioni che pagano un abbonamento agli aggiornamenti li riceveranno fino al 10 gennaio 2023.

Queste date sono facilmente reperibili in una ricerca su Google o su Wikipedia.

Diamo quindi un'occhiata a cos'è un firewall e come dovrebbe proteggere te e gli altri dagli attacchi informatici.

Da sempre, i firewall sono stati utilizzati nelle automobili e negli edifici per mantenere le persone isolate da potenziali incendi nel vano motore o in un'altra parte di un edificio. In genere, un firewall è costruito in metallo o in un altro materiale resistente al fuoco e ci sono piccole aperture fatte per il passaggio di tubi e cavi. Un firewall nell'IT è grosso modo simile. Viene utilizzato per isolare il computer da reti non attendibili e sono presenti alcune piccole aperture per le connessioni necessarie.

Nella sicurezza informatica, un firewall è una linea di difesa aggiuntiva, che monitora e controlla le connessioni di rete dentro e fuori il computer o i server nel caso dell'infrastruttura IT di un lavoro o di una scuola. Ad esempio, il firewall potrebbe bloccare le connessioni di condivisione file in ingresso al computer, ma consentire al computer di effettuare connessioni in uscita per accedere alle stampanti e a Internet.

Il reparto IT dovrebbe gestire i firewall nell'ambiente di lavoro almeno per l'infrastruttura server aziendale. Tuttavia, potrebbero non mantenere una configurazione firewall sicura sul computer desktop o notebook.

Se si utilizza un moderno MAC o PC con Windows 10 o 11, è probabile che il firewall sia attivato per impostazione predefinita.

Ma basarsi solo su una configurazione firewall predefinita pronta all'uso non è molto sicuro, specialmente al lavoro o a scuola. Le organizzazioni ben gestite utilizzeranno anche una configurazione firewall sicura sui computer degli utenti, specialmente se lavorano a casa o in remoto tramite VPN.

Non avere un firewall o un firewall mal configurato sul tuo computer aumenterà la tua vulnerabilità e le possibilità della diffusione laterale di un attacco informatico all'interno dell'organizzazione se il computer o quello di un collega sono compromessi.

Successivamente, esamineremo come puoi essere vulnerabile se utilizzi le migliori pratiche nella gestione delle password e degli accessi.

Il modo in cui utilizzi le password ha un grande impatto sulla tua vulnerabilità agli attacchi informatici. Poiché molti siti come LinkedIn e Facebook vengono ripetutamente violati, ci sono buone probabilità che le tue password per quei siti siano in vendita da qualche parte sul dark web.

Puoi verificare se le tue password sono state coinvolte in una violazione dei dati utilizzando un sito come haveibeenpwned.com. Se "sei stato pwned" _e_ hai utilizzato il tuo indirizzo e-mail di lavoro e la stessa password su un sito di lavoro o scolastico accessibile pubblicamente, il tuo accesso a tali siti è vulnerabile.

Se hai una password debole, il tuo account può essere violato utilizzando un brute force attack o un dictionary attack. Questi attacchi tentano migliaia di possibili password fino a quando non viene trovata la password corretta.

Se la tua password viene violata o trovata online, sei vulnerabile, soprattutto se non stai utilizzando l'autenticazione a più fattori (MFA).

MFA significa che si utilizza un altro fattore oltre al nome utente e alla password per accedere. Potrebbe essere un codice che ricevi tramite SMS, notifica push, da un'app come Authy o Duo o da un dispositivo USB che colleghi alla porta USB o al telefono del tuo computer.

La cattiva gestione delle password e la mancata abilitazione dell'MFA sono un altro grande motivo per cui così tante organizzazioni finiscono vittime di violazioni dei dati e attacchi ransomware.

In sintesi, sottovalutando l'importanza della password, stai rendendo te stesso e potenzialmente i tuoi colleghi al lavoro o a scuola, più vulnerabili.

Credo che a questo punto ti sia chiaro come una configurazione del computer non sicura e una cattiva gestione degli accessi, possono avere un grande impatto sul rischio di un attacco informatico.

Esercizio

Ecco un rapido esercizio da fare ora.

1. Scaricare il file di test anti-malware di esempio sicuro dal sito Web https://eicar.org . Salvalo su disco e verifica se il tuo anti-malware ti avvisa.
2. Verifica se il tuo account è stato compromesso in una violazione dei dati utilizzando il seguente sito web https://haveibeenpwned.com
3. Crea una password che potresti usare in genere, ma assicurati di non averla mai usata prima, quindi testala per la forza e la qualità in questo sito https://password.kaspersky.com

Come prevenire gli attacchi informatici

"Qualcuno ha decifrato la mia password di Gmail. Quindi ora devo cambiare nome al mio gatto"

Successivamente, esamineremo le cose che puoi fare per ridurre le possibilità che le tue vulnerabilità informatiche vengano sfruttate.

Tratteremo le migliori pratiche che puoi applicare al tuo uso quotidiano dell'IT. Molte di queste misure non ti costano nulla, ma ti aiuteranno a proteggere te e la tua organizzazione dagli attacchi informatici.

Per prima cosa diamo un'occhiata all'utilizzo della posta elettronica.

Quando leggi la tua e-mail, è importante trattare qualsiasi email sospetta con cautela. Tre cose da cercare sono il dominio del mittente, la lingua nell'e-mail e qualsiasi invito all'azione.

Sono sicuro che sai già cos'è lo SPAM, ma per ogni evenienza. Lo SPAM sono semplicemente e-mail o altri tipi di messaggi elettronici, che vengono inviati a te e a molti altri senza consenso.

Non rispondere mai allo SPAM. Spostalo nella cartella della posta indesiderata o se ricevi più messaggi dallo stesso mittente, crea un'impostazione che lo faccia in automatico in futuro.

Alcune app di posta elettronica ti consentono di segnalare lo SPAM. Se è davvero SPAM, segnalalo. Ma lo SPAM non deve essere confuso con l'e-mail che ricevi perché ti sei iscritto a una mailing list. Se non desideri più ricevere e-mail da una lista, annulla l'iscrizione.

Non aprire mai allegati a meno che tu non conosca e ti fidi della persona che li ha inviati, ed è normale che ti invii allegati.

Evita di fare clic sui collegamenti ipertestuali nei messaggi di posta elettronica, anche sui link di annullamento dell'iscrizione, a meno che tu non sia sicuro al 100% che il dominio del mittente sia autentico e attendibile.

Diamo quindi un'occhiata alla messaggistica istantanea. Innanzitutto, evita di rispondere ai messaggi istantanei di persone che non conosci. Ma se devi rispondere, non condividere mai informazioni personali sulle app di messaggistica istantanea, ad esempio dove lavori o dove vivi.

Fai attenzione ai profili di influencer falsi e ignora chiunque ti contatti con opportunità di investimento o offerte troppo belle per essere vere.

Proprio come con la posta elettronica, evita di fare clic su qualsiasi link che ricevi in un messaggio istantaneo. Supponiamo che il collegamento porti a malware, anche se il collegamento sembra provenire da qualcuno che conosci.

Configura le impostazioni dell'app di messaggistica istantanea per la massima privacy.

Infine, assicurati che il software dei tuoi dispositivi mobili sia aggiornato e ottimizzato all'ultima versione del sistema operativo. Abilitare gli aggiornamenti automatici ove possibile.

Successivamente, vediamo cosa puoi fare per rendere più sicura la tua navigazione web.

Il tuo browser web è probabilmente una delle app che usi più spesso in una giornata tipica, ma è anche l'app che ti espone a più rischi.

La cosa più importante da fare è assicurarsi di utilizzare l'ultima versione del browser web. Per la maggior parte delle persone questo sarà automatico, poiché sia Apple che Microsoft includono i propri browser negli aggiornamenti del sistema operativo.

Ma gli aggiornamenti automatici possono fallire, quindi vale la pena controllare di tanto in tanto.

È anche una buona idea configurare le impostazioni del browser per la massima privacy e sicurezza.

Quando il browser avvisa l'utente di un certificato non valido o di un sito dannoso, è necessario prestare attenzione all'avviso e non visitare il sito.

Per una linea di difesa aggiuntiva, è necessario installare le estensioni del browser di Malwarebytes, Kaspersky o Microsoft che avvisano o bloccano l'accesso a siti dannosi.

Infine, se si utilizza un vecchio browser come Internet Explorer, è necessario utilizzare Chrome, Firefox o Edge.

Ora diamo un'occhiata a come puoi usare il Wi-Fi pubblico e domestico in sicurezza.

Innanzitutto, se gestisci il tuo Wi-Fi a casa, prova a impostare il router o il punto di accesso per utilizzare il massimo livello di sicurezza Wi-Fi possibile. Ciò potrebbe significare consentire solo WPA3, ad esempio. Assicurati che tutti i tuoi dispositivi funzionino ancora perché alcuni dispositivi meno recenti non supportano WPA3.

Se il router ha il PIN WPS abilitato, è necessario disabilitarlo.

Inoltre usa una password lunga e complessa per la tua rete Wi-Fi. La maggior parte delle reti Wi-Fi supporta password lunghe fino a 63 caratteri.

Il modo migliore per generare e salvare una password Wi-Fi lunga e complessa è utilizzare il generatore di password in una buona cassaforte per password come BitWarden.

E se vuoi consentire agli ospiti di utilizzare il Wi-Fi di casa, crea una rete Wi-Fi separata da condividere. Questo può essere fatto con la maggior parte dei router e dei punti di accesso Wi-Fi.

Modificare sempre la password di amministratore predefinita sul router Wi-Fi di casa e disabilitare l'amministrazione remota da Internet.

Quando utilizzi hotspot Wi-Fi pubblici presso Starbucks o negli hotel, assicurati di connetterti sempre alla tua VPN non appena ti connetti alla rete Wi-Fi. Molti client VPN possono essere configurati per farlo automaticamente.

Anche i lavoratori domestici responsabili del proprio IT dovrebbero utilizzare una VPN se hanno dubbi su come configurare le reti Wi-Fi in modo sicuro.

Poiché le reti Wi-Fi aperte non richiedono una password per connettersi, è necessario evitare di utilizzarle, perché il computer o il dispositivo mobile è altamente vulnerabile mentre si è connessi a una rete condivisa aperta.

Se sei su una rete Wi-Fi pubblica e vedi avvisi nel tuo browser sui certificati non validi, è meglio non utilizzare quella rete.

Infine, i lavoratori da remoto dovrebbero assicurarsi di essere sempre connessi a una VPN, quando utilizzano Wi-Fi che non è gestito dal proprio team IT.

Successivamente, parleremo del Bluetooth.

I dispositivi Bluetooth sono vulnerabili a molti hack . Le vulnerabilità più gravi consentono a un utente malintenzionato di installare malware sul dispositivo o di acquisire tutto ciò che si digita dalla tastiera, incluse le password.

Le persone che svolgono lavori sensibili come nella finanza, nella sicurezza, nell'esercito o nel governo, dovrebbero evitare di utilizzare Bluetooth e dispositivi wireless simili, collegando invece tastiere e mouse cablati.

Se si utilizzano dispositivi abilitati IoT sulla rete domestica, è anche una buona idea connetterli a Internet tramite una rete Wi-Fi isolata separata.

Successivamente, prenderemo in considerazione la sicurezza fisica e come puoi proteggere i tuoi dati. È necessario prendere ulteriori precauzioni per prevenire la perdita di dati se si utilizza un laptop o un dispositivo mobile in luoghi pubblici.

Innanzitutto, assicurati che i laptop e altri dispositivi mobili abbiano la loro memoria crittografata. Windows 10 Pro utilizza BitLocker per questo e Apple MAC utilizza FileVault.

Allo stesso modo, assicurati che qualsiasi archiviazione portatile come dischi USB o unità flash USB sia crittografata.

Se lavori in un ruolo sensibile come la sicurezza o le operazioni bancarie, le porte USB del laptop dovrebbero essere bloccate fisicamente o disabilitate utilizzando il software.

Non lasciare mai il laptop incustodito, ma se necessario, assicurarsi che ci sia un breve tempo di blocco dello schermo e di bloccare lo schermo prima di lasciarlo.

Se gestisci il tuo IT, assicurati di aver installato una moderna soluzione antimalware avanzata come Malwarebytes o Kaspersky.

Anche gli aggiornamenti e gli upgrade software sono importanti. Assicurarsi che il computer e i dispositivi mobili siano configurati per gli aggiornamenti automatici del sistema e verificare periodicamente che gli aggiornamenti non funzionino.

Verifica che le app che possono essere configurate per gli aggiornamenti automatici come Microsoft Office e i browser Web si stiano effettivamente aggiornando. Aggiornarli manualmente se necessario.

Di tanto in tanto Microsoft e Apple rilasciano nuove versioni importanti di Windows e OSX. In generale, è necessario aggiornare immediatamente i dispositivi Apple, ma è meglio attendere almeno un anno prima di installare una nuova versione principale di Windows, ad esempio per eseguire l'aggiornamento da Windows 10 a Windows 11.

I firewall possono anche proteggerti e impedire la diffusione di malware attraverso le reti.

Se gestisci il tuo IT, assicurati che almeno il tuo firewall sia attivo sul tuo MAC o PC. Se sei un utente avanzato o desideri maggiore visibilità e controllo su quali connessioni di rete vengono effettuate, potresti voler installare un firewall di terze parti come LittleSnitch su MAC o GlassWire su PC.

Diamo un'occhiata a come gestire l'accesso ai tuoi servizi e password complesse.

Utilizza un gestore di password affidabile come BitWarden che ti aiuterà a generare e archiviare password complesse in modo sicuro. Le password memorizzate in BitWarden verranno sincronizzate tra i vari dispositivi mobili e il computer.

L'utilizzo di BitWarden ti aiuterà anche a creare una password univoca per ogni servizio che utilizzi, così non dovrai mai ricordare le password memorizzate in BitWarden. Ma dovresti usare una password complessa che puoi ricordare e un metodo multifattoriale sicuro, per accedere alle tue altre password in BitWarden.

Sebbene molti browser come Chrome e Safari supportino il salvataggio delle password nel browser, questo non è raccomandato perché, se il tuo computer è compromesso, un utente malintenzionato avrà accesso al tuo browser e quindi a tutte le tue password.

MFA è dove si utilizza un'altra informazione oltre alla password per convalidare l'accesso. Questo può essere un codice che ottieni tramite SMS o un'app mobile come Authy o Duo o da un token hardware come YubiKey.

Per ogni applicazione web o app mobile, che usi come Gmail o LinkedIn, abilita l'autenticazione a più fattori per l'accesso.

Quindi, riassumiamo ciò che abbiamo coperto.

In questa sezione abbiamo trattato molti modi in cui riduci la tua vulnerabilità e migliori la tua protezione dagli attacchi informatici.

Abbiamo esaminato come utilizzare in modo sicuro e-mail e messaggistica, navigazione web, Wi-Fi e Bluetooth, sicurezza fisica e dispositivi USB, soluzioni anti-malware, aggiornamenti software, sicurezza di rete con un firewall, gestione delle password e autenticazione a più fattori.

Può sembrare che abbiamo coperto molto. Ma apportare miglioramenti solo a due o tre di queste aree importanti, farà una grande differenza per la tua sicurezza informatica.

Diamo un'occhiata a un ultimo punto che è importante sapere.

Molte società di criptovaluta si vantano con orgoglio sul loro sito Web di essere lo scambio o l'app crittografica più sicura, per poi farsi rubare milioni in un incidente di sicurezza informatica molto pubblico e imbarazzante.

Sappi solo che è impossibile che la tua organizzazione sia sicura al 100%. Pensa sempre alla sicurezza informatica come a un processo di miglioramento continuo.

Esercizio

Ecco un rapido esercizio da fare ora.

1. Se non disponi già del browser Google Chrome, scaricalo e installalo.
2. Scarica e installa l'estensione Malwarebytes Browser Guard per Chrome.
3. Cerca su Google "Cracked Microsoft Office" e assicurati che Malwarebytes ti avverta se provi a visitare i primi 2 o 3 siti elencati su Google.

Cosa succede se sei vittima di un attacco informatico?

"Il futuro dipende da quello che fai oggi."

In questa sezione discuteremo cosa dovresti fare se sospetti di essere vittima di un attacco informatico.

In una certa misura, se hai appena scoperto che la tua organizzazione è vittima di un attacco informatico, allora è troppo tardi. Probabilmente hai perso dati, denaro o i tuoi file sono stati crittografati e ti viene chiesto di pagare un riscatto per recuperarli.

Per tua sfortuna, la tua azienda sarà probabilmente sui notiziari e sui giornali.

Ecco perché il capitolo precedente su come evitare gli attacchi informatici è così importante.

Gestire attacchi informatici come il ransomware in una grande organizzazione è estremamente complesso e richiede tempo e i costi possono arrivare a milioni. Pertanto, questa sezione è solo una panoramica di alto livello di un processo generico che può o non può essere seguito nella tua organizzazione, durante un attacco informatico.

L'esatto processo di risposta agli incidenti informatici seguito dalla tua organizzazione sarà determinato dal tuo team di sicurezza e dalla leadership aziendale.

In ogni caso, se sospetti di essere vittima di un attacco informatico, è importante seguire 7 passaggi.

1. **Conferma l'attacco**
2. **Passa al tuo supporto IT**
3. **Contieni l'attacco**
4. **Ambito del danno**
5. **Rapporto alle autorità**
6. **Informa il pubblico**
7. **Documenta le lezioni apprese**

Se l'attacco informatico colpisce un sistema aziendale o scolastico, è necessario seguire solo i passaggi 1 e 2, a meno che non si lavori nel team di sicurezza dell'organizzazione.

Se gestisci il tuo IT personale a casa, probabilmente hai bisogno di ottenere supporto da una nota organizzazione di supporto IT.

Passo #1
Trova un modo per confermare rapidamente l'attacco o decidere che si tratta di un falso allarme. Questo può essere semplice se vedi che i tuoi file sono stati criptati dal ransomware. Ma ci sono molti altri tipi di attacco come denial of service, infezioni da malware, estorsione e furto di dati. Il modo in cui confermi l'attacco sarà diverso in ogni caso.

Passo #2
Una volta confermato un attacco informatico, è necessario inoltrare il problema al team di supporto IT o di sicurezza senza indugio. Questo dovrebbe essere fatto in modo discreto, dal momento che gli incidenti di sicurezza informatica non dovrebbero essere divulgati al pubblico, ai giornalisti, ecc., se non dai ruoli corretti nella tua organizzazione. Non cercare di indagare o risolvere gli incidenti di sicurezza da solo, a meno che non sia tuo compito farlo e tua responsabilità.

Passo #3
Successivamente, il team di sicurezza IT deve contenere i danni e limitare la diffusione di malware ad altri sistemi. Quindi, se hanno a che fare con malware o ransomware, devono isolare i sistemi interessati, disconnettendoli da Internet e da qualsiasi altra rete come il Wi-Fi.

Passo #4

Quindi devono valutare e riparare il danno. Nel caso di malware o ransomware, ciò significherà ricostruire nuovi sistemi e ripristinare i dati dai backup.

Passo #5

A seconda di dove ti trovi, se i dati personali, i dati medici, i numeri di carta di credito o i dati bancari sono stati compromessi in un attacco, la tua organizzazione ha l'obbligo legale di segnalarlo alle autorità, nonché alle persone interessate.

Anche le organizzazioni che forniscono servizi critici o servizi digitali nell'UE sono obbligate dalla direttiva sulla sicurezza delle reti e dell'informazione (NIS)[13], a segnalare tempestivamente alle autorità gli incidenti di cibersicurezza.

Anche se la tua organizzazione non è obbligata a segnalare un attacco informatico al pubblico, è meglio farlo in una comunicazione controllata, poiché i dettagli dell'attacco potrebbero comunque essere trapelati da un dipendente.

Passo #6

Infine, il team di sicurezza IT dovrebbe eseguire un'analisi delle cause principali e documentare eventuali lezioni apprese dall'attacco informatico.

Questo conclude questo capitolo su cosa fare se sospetti di essere vittima di un attacco informatico.

Certificazione Cyber Essentials nel Regno Unito

"La fiducia nella tecnologia è una buona cosa, ma il controllo è meglio."

Questo capitolo esamina in dettaglio il programma di certificazione Cyber Essentials[14], sviluppato dal governo britannico, per aiutare a proteggere la popolazione del Regno Unito dalle minacce informatiche.

Anche se non vivi nel Regno Unito o non hai commerciali lì, i controlli di sicurezza nello standard sono molto utili da conoscere, perché Cyber Essentials è adatto alle organizzazioni la cui strategia di sicurezza informatica non è ancora matura o alle aziende che potrebbero non avere ancora un sistema di gestione della sicurezza delle informazioni in atto.

Quindi, cos'è Cyber Essentials?

Il programma Cyber Essentials del Regno Unito è una certificazione di sicurezza sostenuta dal governo progettata per aiutare le organizzazioni di qualsiasi dimensione a migliorare la loro sicurezza informatica. È stato lanciato nel 2014 per aiutare le organizzazioni a implementare una serie di controlli di sicurezza semplificati che mitigassero i rischi maggiori con il minimo sforzo.

Cyber Essentials doveva essere gestito a tre diversi livelli, da organismi di certificazione, organismi di accreditamento e NCSC (Nation Cyber Security Centre) del Regno Unito.

Ci sono molti organismi di certificazione in tutto il Regno Unito, e queste sono le organizzazioni che effettuano valutazioni e rilasciano certificati. Da quando il programma è iniziato nel 2014 c'erano cinque organismi di accreditamento: APMG, CREST, IASME, IRM security e QG. Tuttavia, dal 2020, lo IASME è l'unico organismo di accreditamento. Il NCSC supervisiona il programma Cyber Essentials.

Nell'autovalutazione, la certificazione iniziale che viene effettuata online, comporta la risposta a una serie di domande, nel questionario di autovalutazione (SAQ), e la presentazione deve essere firmata da un direttore della società. Non si tratta di un semplice questionario a scelta multipla. Le domande devono essere risolte con input a forma libera che forniscono dettagli sulla configurazione del sistema.

La certificazione Cyber Essentials è valida per 12 mesi. Per l'autovalutazione di Cyber Essentials, le organizzazioni vengono valutate utilizzando un questionario. Per Cyber Essentials Plus, è richiesto un audit almeno 3 mesi dopo l'autocertificazione.

Per le organizzazioni che desiderano sottoporsi all'audit Cyber Essentials Plus, è necessaria una visita in loco. Questo può essere fatto da uno dei tanti organismi di certificazione.

Al momento della scrittura, il costo dell'autovalutazione era di £ 300 + IVA e questo è aumentato a £ 500 + IVA per le organizzazioni più grandi.

Cyber Essentials Plus costerà molto di più poiché l'ente di certificazione dovrà recarsi sul posto e testare la sicurezza dei sistemi. Se ti trovi nel Regno Unito e sei seriamente intenzionato a proteggere la tua organizzazione dagli attacchi informatici, allora Cyber Essentials Plus è davvero ciò di cui hai bisogno.

Il sito web del NCSC ha tutte le risorse di cui potresti aver bisogno per prepararti all'autovalutazione o a Cyber Essentials Plus. La maggior parte dello sforzo sarà probabilmente speso per la preparazione per la certificazione aggiornando le politiche e migliorando la sicurezza. Una volta preparato, l'invio del questionario sarà semplice.

Quali sono i vantaggi della certificazione Cyber Essentials?

Il più grande vantaggio di ottenere la certificazione Cyber Essentials è che il passaggio attraverso il processo migliorerà senza dubbio la sicurezza nella tua organizzazione. Dimostra inoltre l'impegno a proteggere le catene di approvvigionamento e garantire che le organizzazioni siano resilienti di fronte a ransomware, malware o altri tipi di attacchi informatici.

Essere certificati Cyber Essentials offre anche alla gestione di un'organizzazione un certo grado di tranquillità, in quanto hanno una buona base di sicurezza informatica in atto.

Le organizzazioni domiciliate nel Regno Unito certificate da un ente di certificazione IASME hanno diritto a un'assicurazione informatica gratuita, a condizione che il loro fatturato non superi i 20 milioni di sterline.

Infine, i contratti con il governo centrale in cui vengono gestiti dati sensibili o in cui viene fornita una determinata tecnologia richiederanno la certificazione Cyber Essentials obbligatoria.

Quali sono i requisiti di sicurezza di Cyber Essentials?

Requisito #1: Firewall

I firewall di confine devono essere utilizzati per isolare le risorse digitali delle organizzazioni da reti e dispositivi non attendibili. I firewall e i dispositivi di rete devono essere configurati in modo sicuro. I firewall basati su host sono consigliati per gli endpoint.

Requisito #2: configurazione sicura

I computer e i dispositivi di rete devono essere configurati in modo sicuro, disabilitando i servizi non necessari, modificando gli account predefiniti e aggiornando e applicando regolarmente patch al software.

Requisito #3: controllo dell'accesso utente

Questo requisito specifica che gli account utente devono essere disponibili solo per gli utenti che ne hanno una valida necessità. Inoltre, l'accesso basato sui ruoli deve garantire che agli utenti autorizzati sia concesso l'accesso solo alle risorse digitali a cui hanno specificamente bisogno di accedere per l'azienda. Questo requisito copre anche i criteri delle password e l'autenticazione a più fattori.

Requisito #4: protezione da malware

Questo requisito richiede che il malware venga impedito utilizzando un software anti-malware efficace, una whitelist di applicazioni o il sandboxing. Afferma che le firme anti-malware devono essere aggiornate regolarmente e la protezione deve includere controlli di accesso al Web e ai file.

Requisito #5: gestione degli aggiornamenti di sicurezza

Quest'ultimo requisito richiede che tutto il software su tutti i dispositivi sia aggiornato e patchato in conformità con le migliori pratiche per la gestione delle vulnerabilità. Il requisito dice anche che il software deve essere concesso in licenza e tutto il software che non è più supportato deve essere rimosso.

Questi requisiti a volte vengono modificati, quindi controlla sempre il sito Web ufficiale di Cyber Essentials del Regno Unito per gli aggiornamenti.

Come si esegue una valutazione Cyber Essentials?

Passaggio #1: utilizzare Readiness Toolkit

Il NCSC del Regno Unito ha uno strumento molto utile per ottenere una guida gratuita Cyber Essentials e testare la tua preparazione per l'autovalutazione. Un questionario in stile procedura guidata ti guida attraverso alcune domande di base sulla tua organizzazione, sulla tua infrastruttura IT e sui tuoi dispositivi. Ti verranno fornite risorse utili e azioni da risolvere prima di poter essere certificato.

Passaggio #2: leggere i requisiti di sicurezza

Il NCSC pubblica anche un documento PDF completo con una serie completa di requisiti di sicurezza che devono essere soddisfatti prima che la certificazione sia possibile.

Passo #3: apportare i miglioramenti necessari

La maggior parte delle organizzazioni dovrà apportare alcuni miglioramenti o implementare processi di sicurezza prima di poter essere certificata per Cyber Essentials. Il questionario contiene risposte testuali in formato libero e se le risposte non sono sufficienti, la certificazione verrà respinta. Questo è prevedibile perché gli obiettivi principali di questo programma di certificazione sono migliorare la sicurezza.

Passo #4: scegliere un ente di certificazione

Per migliorare le tue possibilità di ottenere la certificazione cerca un ente di certificazione più esperto che sia anche autorizzato a fornire valutazioni Cyber Essentials Plus. È inoltre possibile utilizzare lo strumento sul sito Web IASME per selezionare qualsiasi organismo di certificazione nell'elenco.

Passo #5: contattare l'ente di certificazione e pagare la tassa

Gli organismi di certificazione Cyber Essentials saranno in grado di fornire ulteriori consigli per aiutare a completare il SAQ. È meglio contattare direttamente l'ente di certificazione e discutere il processo.

Passo #6: Completare il SAQ Online

Una volta ricevuto l'accesso al questionario di sicurezza, puoi completarlo nel tuo tempo libero e inviarlo quando sei soddisfatto di aver risposto a tutte le domande in modo soddisfacente.

Quindi, Cyber Essentials è uno spreco di denaro?

Considerando che potresti qualificarti per £ 20 milioni di assicurazione informatica gratuita e che l'attacco informatico medio nel Regno Unito costa circa £ 3 milioni, sicuramente, è un affare.

Ma se ti trovi nel Regno Unito, è necessario dedicare tutto questo tempo e sforzi per ottenere la certificazione Cyber Essentials?

Beh, vediamo.

Nel gennaio 2022, il NCSC ha esortato le organizzazioni del Regno Unito a rafforzare le loro difese di sicurezza informatica, a causa delle tensioni tra Russia e Ucraina. Si temeva che, se fosse scoppiato un conflitto militare, le organizzazioni britanniche avrebbero potuto essere prese di mira con attacchi informatici come quelli che hanno paralizzato l'Estonia per tre settimane nel 2007.

Il NCSC ha inoltre consigliato alle organizzazioni del Regno Unito di intraprendere azioni specifiche per prepararsi a tale evento.

Penso che sia giusto dire che devono aver avuto una sfera di cristallo.

Esercizio

Ecco un altro esercizio da fare ora.

Non divulgare alcuna informazione confidenziale sulla tua organizzazione quando rispondi alle domande in questa attività. Usa risposte fittizie se necessario.

1. Visita il sito Web del Regno Unito Cyber Essentials Readiness Tool e consulta le domande per vedere come te la cavi https://getreadyforcyberessentials.iasme.co.uk

Segnalazione di crimini informatici personali

Non è necessario segnalare la maggior parte degli incidenti di sicurezza informatica personali. Se hai ricevuto e-mail con truffe o link dannosi nella messaggistica istantanea, non sei l'unico. Tutti li ricevono. E se il tuo computer è stato infettato da un virus, allora hai bisogno del supporto IT, non della polizia.

Tuttavia, se ci sono prove evidenti che hai perso denaro a causa di un truffatore, sei stato minacciato o sei stato estorto, allora questo potrebbe essere un caso in cui devi presentare una denuncia penale al dipartimento di polizia competente.

Il processo è diverso in ogni paese e stato, ma i seguenti link copriranno almeno alcuni dei paesi dell'UE, della Svizzera e degli Stati Uniti.

Unione Europea

Se vivi nell'Unione europea e desideri segnalare un crimine informatico significativo che riguarda, puoi segnalarlo alle forze di polizia locali. Troverai un elenco delle forze di polizia europee che gestiscono la criminalità informatica alla seguente pagina Europol.

https://www.europol.europa.eu/report-a-crime/report-cybercrime-online

Svizzera

Il Centro nazionale svizzero per la cibersicurezza consente alle persone di denunciare la criminalità informatica utilizzando un modulo disponibile alla pagina seguente.

https://www.report.ncsc.admin.ch/en/chat

In caso di reati informatici significativi è inoltre possibile rivolgersi alle forze di polizia federali o cantonali elencate in questa pagina.

https://www.bakom.admin.ch/bakom/en/home page/digital-switzerland-and-internet/internet/fight-against-internet-crime.html

Stati Uniti

La vittima di un crimine informatico negli Stati Uniti, può presentare una denuncia all'FBI utilizzando la loro pagina qui sotto.

https://www.ic3.gov/

Criminalità Informatica Che Colpisce Servizi Critici

Alcuni tipi di incidenti devono essere segnalati tempestivamente alle autorità nazionali in conformità con la direttiva NIS dell'Unione Europea e altri requisiti legali locali nel tuo paese.

Gli stati di solito hanno i propri team nazionali di risposta agli incidenti di sicurezza informatica (CSIRT). Se hai bisogno di segnalare incidenti significativi di sicurezza informatica che riguardano servizi essenziali o servizi digitali, puoi utilizzare uno dei CSIRT nazionali elencati al seguente URL.

https://anyanylog.com/where-to-report-cyber-incidents/

Sommario

Ora che siamo arrivati alla fine del libro, vorrei ringraziarvi per essere rimasti con me fino alla fine. Ecco un riepilogo di ciò che abbiamo trattato.

In primo luogo, abbiamo chiarito cos'è esattamente la sicurezza informatica. Poi abbiamo esaminato i motivi per cui è importante e perché tutti hanno bisogno di formazione in materia di sicurezza informatica.

Poi abbiamo evidenziato come potresti essere vulnerabile agli attacchi di hacker e criminali.

Successivamente, abbiamo trattato le diverse azioni che devi adottare per prevenire gli attacchi informatici

E abbiamo esaminato cosa fare e non fare se si è mai vittima di un attacco informatico.

Quindi abbiamo trattato il framework Cyber Essentials del Regno Unito, che è uno standard di sicurezza utile da esaminare, soprattutto se attualmente non si utilizza un altro framework di sicurezza informatica nella propria organizzazione.

Due brevi capitoli spiegavano come segnalare il crimine informatico che colpisce un individuo e il crimine informatico più grave che colpisce i servizi critici.

Infine, nella seguente sezione risorse, troverai i codici QR che puoi scansionare per ottenere gli URL per alcuni strumenti utili che possono essere utilizzati per aiutarti a valutare e migliorare la tua sicurezza informatica.

Spero che tu abbia trovato questo libro interessante e che userai ciò che hai imparato per migliorare la tua sicurezza informatica, sia a casa che in ufficio.

Risorse

Le pagine seguenti contengono i dettagli di diversi strumenti che saranno utili per testare e migliorare la sicurezza informatica, nonché per il ripristino dagli incidenti di sicurezza e la prevenzione che si ripetano.

Virus Test File

L'Istituto europeo per la ricerca antivirus per computer fornisce un file di test antivirus che è possibile scaricare in diversi formati.

Le aziende anti-malware includono il file di test EICAR nelle loro definizioni dei virus; quindi, verrà rilevato esattamente come un virus dannoso.

È un buon strumento per verificare che il software o il servizio anti-malware funzioni.

Anti-malware

Kaspersky Labs è una società multinazionale di software per la sicurezza informatica fondata nel 1997.

L'azienda produce diversi software e soluzioni di sicurezza per i consumatori e per le imprese.

I prodotti Kaspersky hanno dimostrato di essere i più efficaci al mondo contro virus e malware.

Password Checker

La tua password non è sicura se può essere trovata usando il brute force attack o trovata in un database di password trapelate.

Questo strumento consente di inserire una password per testarne la forza e di verificare se è stata rubata in un noto incidente di furto di dati, controllandola in un database di password trapelate.

Il sito Web afferma di non memorizzare le password inserite per testare.

Have I been Pwned

Questo sito ha un database di indirizzi e-mail, password e numeri di telefono trapelati che puoi controllare.

Sebbene il sito appaia affidabile, non è consigliabile immettere la password effettiva per qualsiasi sito Web o applicazione pubblica sensibile, soprattutto se si ricopre un ruolo governativo, militare o altri ruoli altamente sensibili.

Password Manager

Bitwarden è un affidabile gestore di password opensource disponibile come app per Windows, MAC, iPhone e Android. È disponibile anche come estensione del browser.

I tuoi dati di login e password sono sincronizzati su tutti i tuoi dispositivi.

Puoi anche eseguire il tuo server BitWarden privato per la tua azienda.

BitWarden offre piani gratuiti e a pagamento e i piani a pagamento offrono più funzionalità di sicurezza.

Shodan

Questo sito ha un database di dispositivi connessi a Internet che possono essere raggiunti da chiunque.

Puoi trovare dispositivi come webcam, stampanti, sistemi di controllo industriale e persino lampadine.

A volte le persone consentono connessioni ai loro dispositivi sulle loro reti da tutta Internet senza rendersene conto.

Pertanto, è possibile utilizzare questo sito per verificare se si dispone di dispositivi nella propria organizzazione che potrebbero essere più vulnerabili perché sono raggiungibili da Internet.

Browser Security Audit

Questo sito ti consente di testare la sicurezza del tuo browser. È particolarmente utile se si utilizza una vecchia versione di Windows o un vecchio computer Apple che non supporta più gli aggiornamenti del browser.

Ma anche i browser moderni hanno problemi di sicurezza, quindi potresti rimaneresorpreso dai risultati.

Browser Privacy

Questa estensione del browser è disponibile per diversi browser come Safari di Apple, Google Chrome e Microsoft Edge.

Fornisce protezione dalla maggior parte dei tracker di terze parti durante la ricerca e la navigazione sul Web.

Browser Protection

Malwarebytes Browser Guard rileva e blocca i contenuti indesiderati e non sicuri, offrendoti un'esperienza di navigazione più sicura e veloce.

Si afferma che sia la prima estensione del browser al mondo in grado di identificare e fermare il tipo di false truffe del supporto tecnico Microsoft, che vengono spesso utilizzate per derubare gli anziani dei loro risparmi di una vita.

Website Malware test

Questo sito è gestito da Forcepoint, che era formalmente noto come Websense.

Il sito consente di copiare e incollare un URL sospetto o un indirizzo IP nel sito, per analizzarlo alla ricerca di contenuti dannosi.

Questo strumento è utile se qualcuno ti invia un link che sospetti contenga malware.

Il sito non rileva tutti i malware, quindi utilizzalo in combinazione con altri strumenti di controllo dei siti Web.

Website Filter Lookup

Di solito, le organizzazioni più grandi dispongono di soluzioni di filtraggio Web per migliorare la sicurezza.

La direzione decide quali categorie di siti web sono consentite o meno.

Questo sito ti consente di inserire un URL, per vedere in quale categoria è classificato.

Ransomware Identifier

Questo sito Web consente di caricare un file di esempio o un messaggio di richiesta di riscatto se si è vittima di un attacco ransomware.

Di solito puoi identificare il ransomware noto con cui sei stato infettato e scoprire se esiste uno strumento disponibile per recuperare i tuoi file senza pagare un riscatto.

Referenze

1. https://www.researchgate.net/publication/357835604_2007_CYBER_ATTACKS_IN_ESTONIA_A_CASE_STUDY
2. https://www.malwarebytes.com/stuxnet
3. https://www.kaspersky.com/resource-center/threats/darkhotel-malware-virus-threat-definition
4. https://www.bastille.net/research/vulnerabilities/mousejack/technical-details
5. https://cyware.com/news/keysniffer-how-an-attacker-can-sniff-your-data-from-250-feet-e42daabd
6. https://www.asiaone.com/digital/logitechs-wireless-dongles-remain-wildly-insecure-and-vulnerable-attacks
7. https://www.bitdefender.com/blog/hotforsecurity/how-your-network-could-be-hacked-through-a-philips-hue-smart-bulb/
8. https://shop.hak5.org/products/usb-rubber-ducky
9. https://www.csoonline.com/article/3647173/badusb-explained-how-rogue-usbs-threaten-your-organization.html
10. https://theinvisiblethings.blogspot.com/2009/10/evil-maid-goes-after-truecrypt.html
11. https://arstechnica.com/gadgets/2022/08/apple-quietly-revamps-malware-scanning-features-in-newer-macos-versions/
12. https://youtu.be/1DG3y3q8_9M
13. https://www.enisa.europa.eu/topics/nis-directive
14. https://www.ncsc.gov.uk/cyberessentials/overview